U0106032

# 風暴來了

## 認識 風暴的形成

〔意〕Agostino Traini 著 / 繪

張琳 譯

新雅文化事業有限公司

www.sunya.com.hk

## 什麼是蒲福氏風級？

這是十九世紀初，英國海軍大將蒲福提出的一個將風力按大小程度分級的方法，主要是用船舶在海上前進的速度和可以扯起多少張帆來區別風力的大小。這方法把風力分為0-12，即共十三種級別，風力越大，級數越高；而每級均有相應的術語，如用「和緩」、「清勁」、「強風」等來描述風力。由於這種分級法簡單易記，因此被沿用至今，並被香港天文台所採用。

今天早上，安格和皮諾很早就醒來了：因為今天是假期，他們想駕船出海遊玩。

此時，空氣小姐和水先生還在睡覺，海面一片風平浪靜。

「看！」安格說，「現在的空氣是停滯的，所以那邊煙囪冒出的煙直直地升上天空。」

小章魚向兩位朋友問好，提醒他們說：「天氣變幻莫測，你們出海時要時刻保持警覺啊！」

現在風平浪靜……

小心啊！趟山莫趟水！

猜一猜，什麼東西太陽曬不乾，風卻能把它吹乾？

安格和皮諾揚起船帆準備出發了。

這時空氣小姐才剛剛醒來，她輕輕地歎了一口氣：帆船仍然靜止不動，但咖啡壺裏冒出來的煙已不再是直直的了。

升起了，升起了，我們把帆升起來了！

現在的風力是1級

風兒幫我把身體吹乾！

風力輕微。

海平面也被空氣小姐微微吹皺了，水先生這時已經醒來了。

「報紙上說今天的天氣會變糟。」章魚迪哥說。

「才不會呢！」安格回應道。

我喜歡甜甜圈！

這新聞很有趣！

## 思考點

除了看報紙外，我們還有什麼方法可以接收到天氣消息呢？說說看。

答案：
我們可以從電視和廣播中的天氣報告中接收到最新的天氣消息。另外，還可以從其他手機應用程式和網絡中接收即時的氣象資訊。

空氣小姐現在徹底醒來了,她做了幾次深呼吸。安格控制着船舵,駕着小船往更廣闊的海域駛去。

　　「出發啦!」皮諾站在船頭看風景。

　　「別去太遠的地方啊!」安迪娜好心地提醒他們。

安迪娜是燈塔上的守望員，她對大海非常了解。這時，徐徐的清風把她的頭髮吹起來了，燈塔上的小旗也微微飄起。

水先生笑了，心想：「今天安格和皮諾將會學到很多知識，但他們不會有危險，因為有我在呢！」

你們好！

現在的風力是2級。

風力仍然屬於輕微。

## 什麼是礁石？

礁石是指江河海洋中距離水面很近，甚至超出水面的岩石。因為礁石分布於海中或靠近海岸，故此有礙沿海漁業發展，並可能對船隻航行構成危險。若礁石的規模很大，則會稱為「島嶼」。

空氣小姐用力吹起了船帆，小船快速地向前行駛，海浪也變大了。

「小心礁石！」皮諾喊道。安格熟練地操控着小船，繞過冒出海面的岩石。

風力和緩。

現在的風力是3級。

小心！礁石危險！

水先生向兩位朋友發出挑戰：「現在我要開始跑了，你們能抓住我嗎？」

「加油，皮諾！」安格笑着說，「別讓他跑了！」

原來皮諾也很會開船的呢！

跟着那位藍色的先生！

注意前方啊⋯⋯

空氣小姐越來越用力地吹氣，小船向前疾駛。水先生變作波浪打在船頭上，與朋友們嬉戲。

「再用力些！」安格對空氣小姐喊，這時章魚迪哥的報紙已經被吹走了。

現在的風力是4級。

風力仍屬於和緩

嘎，不，我的副刊版啊！

可以送我一程嗎？

「我會盡力的！」空氣小姐回應道。

　　風立刻變得更大了。陸地上，樹木的樹葉和樹枝被吹得來回搖晃。

現在的風力是5級。

風力屬於清勁！

暴風雨就要來了。

但安格還沒意識到呢⋯⋯

海底依舊是一片平靜。

## 知識點

**蒲福氏風級達6級即相等於什麼級別的風球?**

相等於香港天文台頒布的三號風球（三號強風信號），表示香港近海平面處現正或預料會普遍吹強風，持續風力達每小時41至62公里，陣風更可能超過每小時110公里，而且風勢可能持續。

水先生變得越來越高，開始讓人覺得害怕了；風越颳越猛，安格已經無法控制小船了。

「我們必須回航！」皮諾害怕地說。

「可是現在我們離岸邊太遠了。」安格心想。

現在的風力是6級。

準備好了嗎？

啊！啊！

他們總算明白了！

水先生想讓他這兩位朋友明白大海可能隨時會變得非常危險，必須要小心謹慎、心懷敬畏地去面對它。

　　空氣小姐的威力還在增強，水先生的頭頂被海浪的泡沫染白了。

這叫做強風！

走吧！

救命呀！

大風在高達五米的巨浪之間呼嘯。

小船上的零件開始掉落，船帆也被扯破了。安格和皮諾努力地緊抓着船身，不讓自己掉進海裏。

空氣小姐吹得如此用力，令岸上的人們都無法走路了。

「快套上救生圈，現在什麼都有可能發生！」水先生晃動着起沫的腦袋對兩位朋友說，他還要小心不能把小船打翻。

可是，這時竟飄來了一團令人害怕的烏雲。

我也想來玩啊！

嗄！

想一想，人們可以怎樣做好安全措施，避免風災引起的人命和財物損失？說說看。

答案：
• 人們應該在風災季節來臨前，以免被狂風吹毀。
• 應把一切容易被風吹動的物件，如花盆、傘、椅子和其他雜物放在室內。
• 狂風暴雨時，應該躲在遠離窗戶的地方安身。
• 準備一些應急糧食和水，以及一個有關颱風的逃生包，以備不時之需。

### 知識點

**蒲福氏風級達8級即相等於什麼級別的風球?**

相等於香港天文台頒布的八號風球(八號烈風或暴風信號),而八號風球會根據風向分為西北、西南、東北、東南四種信號。這表示香港近海平面處現正或預料會普遍受烈風或暴風從信號所示方向吹襲,持續風力達每小時63至117公里,陣風更可能超過每小時180公里,而且風勢可能持續。

一場真正的暴風雨到來了。

狂風和巨浪比賽着誰發出的聲音更大;閃電不時在大片烏雲中劃過;樹上的樹枝被風折斷飛走了。

現在的風力是8級。

我們將它稱作烈風。

希望你沒事吧,樹先生!

船上的桅杆也被吹斷了。

安格和皮諾隨着波濤起起伏伏，被飛濺的海水和雨水淋得渾身濕透。

「你們可真厲害！」安格大叫道，「但請帶我們回家吧。」

「是的，我想回家，回到溫暖的陽光裏去！」皮諾說。

幸好我會游泳。

知識點

**當出現閃電和響雷，或雨勢較大時，香港天文台會頒布什麼警告信號呢？**

當出現閃電和響雷時，香港天文台會頒布雷暴警告，提醒市民雷暴有可能在短時間內（一至數小時內）影響香港境內任何地方。而當雨勢較大時，香港天文台會根據已錄得或預料會有的雨量發出黃色、紅色或黑色暴雨警告信號，提醒市民注意安全。

現在水先生已經高得像一座山，他調皮地將搖搖晃晃的小船放到自己的鼻子上。

空氣小姐竭盡全力翻起更高的巨浪，還把房子的屋頂掀掉了。

我們在很高很高的地方！

我有點頭暈啊！

現在的風力是9級。

我暈了……

安格和皮諾從未見過這樣的場面。這真的非常可怕，現在他們再也開心不起來了。

**為什麼人會「暈浪」？**

這和人體平衡器官「前庭」有很大關係，因為船和車在行駛時會晃動，這會令前庭受到刺激，因而產生頭暈或想嘔吐等反應。由於每個人的體質不同，前庭所能承受的刺激程度也有差異，因此有些人會較容易出現「暈浪」的情況。

**蒲福氏風級達到10級即相等於什麼級別的風球？**

相等於香港天文台頒布的九號風球（九號烈風或暴風風力增強信號）。這表示香港近海平面處正普遍受烈風或暴風吹襲，而風力現正或預料會顯著加強。

當風力達到10級的時候，樹木被吹得連根拔起，飛到了空中；連矗立了幾個世紀的古塔也被吹得截成兩半。

水先生找來了藍鯨小姐，對她說：「我把安格和皮諾交給你了，你要確保他們的安全。我想辦法去安撫一下空氣小姐，她有些失控了。」

安格和皮諾跳到了藍鯨小姐柔軟的背上。轉眼間，小船便沉沒了。

風越來越大了！

現在的風力是11級，同樣稱為暴風！

你好，藍鯨小姐，幸好有你！

請坐吧！

知識點

**藍鯨是魚類嗎？牠是怎樣為生的？**

藍鯨是一種海洋哺乳動物，牠是地球上現存體型最大的動物，身長可超過33米，體重達200公噸以上。藍鯨主要以捕食磷蝦為生，牠們在捕食的時候會一次吞入一大羣磷蝦，並同時吸入大量的海水；然後擠壓腹腔和舌頭將海水從用作取代牙齒的鯨鬚板的縫隙排出，再把磷蝦吞下。

蒲福氏風級達12級即相等於什麼級別的風球？

相等於香港天文台頒布的十號風球（十號颱風信號）。表示香港近海平面處所遭受的風力現正或預料會達到颱風程度，持續風力達每小時118公里或以上，陣風更可能超過每小時220公里。

藍鯨小姐見識過很多暴風雨，她可以從容地在驚濤駭浪中前行。她的背部是一處安全的庇護所。

現在風暴到了最高等級，它有一個可怕的名字——颱風。

安格和皮諾看着眼前混亂的場面：那些本該在上面的東西被吹到了下面……而本該在下面的東西卻跑到了上面，沒有什麼東西還保留在原來的位置上。

幸好，空氣小姐終於累了，她停止了吹風。

水先生翻了一個漂亮的筋斗，說：「終於恢復平靜了，你們得到教訓了嗎？」

一切都恢復平靜了！

總算結束了

還有衝浪！看那隻貓多厲害呀！

我從明天開始要學習游泳和苦練駕駛帆船！

# 科學小實驗

現在就來和水先生一起玩吧！

你會學到許多新奇、有趣的東西，
它們就發生在你的身邊。

# 風車轉呀轉

你需要：

 圓規或可以幫助畫圓形的工具

 一枚圖釘

 一根木棍

 鎚子

 剪刀

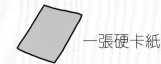 一張硬卡紙

一根吸管

 一位大人朋友

難度：

做法：

① 在硬卡紙上畫一個直徑約10厘米的圓形，用剪刀把圓形剪下來。小心別弄傷手指啊！

② 在圓形的邊沿剪出一些彎曲的切口。如果你不會做，就找大人幫忙吧！

3 將圓形上的切口在同一個方向摺起。

4 請大人幫忙用圖釘把圓形固定在木棍上。最好在圓形和木棍中間放一小節吸管。風車便完成了！

 5 現在，把你的風車拿到露天的地方，等風來……風越大，風車便會轉得越快。

你還可以做做各種試驗啊！比如：試做一個小一點的風車；把摺起的翼片做得大或小一些；用不同的方式摺出翼片；還可以用薄些或厚些的卡紙來做風車等，觀察它們轉動的情況，會有很多不同的發現啊！

# 量度風的方向

你需要：

 兩根吸管

 剪刀

難度：
★ ★ ★

 少許泥膠

釘書機

 一根約4厘米長的釘子

一張卡紙

做法：

① 先如圖剪開吸管。

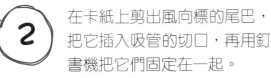 在卡紙上剪出風向標的尾巴，把它插入吸管的切口，再用釘書機把它們固定在一起。

 在吸管的另一頭放上用泥膠揑成的球。然後把風向標平放在你的指頭上，找出風向標的平衡點。

小心地在平衡點上按上釘子。再將釘子插入另一根吸管內，然後把整個裝置插在花盆裏，拿到室外。

 當你把風向標的位置固定好，它就會指出風是從哪邊吹來的。

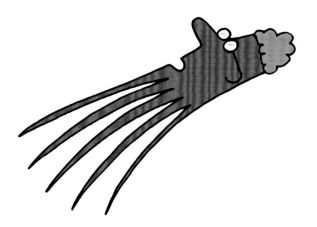

# 好奇水先生

## 風暴來了

作者：〔意〕Agostino Traini
繪圖：〔意〕Agostino Traini
譯者：張琳
責任編輯：劉慧燕
美術設計：何宙樺
出版：新雅文化事業有限公司
香港英皇道499號北角工業大廈18樓
電話：（852）2138 7998
傳真：（852）2597 4003
網址：http://www.sunya.com.hk
電郵：marketing@sunya.com.hk
發行：香港聯合書刊物流有限公司
香港荃灣德士古道220-248號荃灣工業中心16樓
電話：（852）2150 2100
傳真：（852）2407 3062
電郵：info@suplogistics.com.hk
印刷：中華商務彩色印刷有限公司
香港新界大埔汀麗路36號
版次：二〇一六年九月初版
二〇二三年七月第四次印刷
版權所有．不准翻印

ISBN: 978-962-08-6636-4
© 2015 Edizioni Piemme S.p.A., Palazzo Mondadori - Via Mondadori, 1 - 20090 Segrate
International Rights © Atlantyca S.p.A. - via Leopardi 8, 20123 Milano, Italia - foreignrights@atlantyca.it - www.atlantyca.com
Original Title: A Scuola Di Tempesta
Translation by Zhang Lin.
© 2016 for this work in Traditional Chinese language, Sun Ya Publications (HK) Ltd.
18/F, North Point Industrial Building, 499 King's Road, Hong Kong
Published in Hong Kong SAR, China
Printed in China